AF466468

ÉTUDE COMPARÉE

SUR LE LAIT

DE LA FEMME, DE L'ANESSE

DE LA VACHE ET DE LA CHÈVRE

PAR

Henri FÉRY

Chef des travaux chimiques au laboratoire de la clinique
des maladies des enfants.

PARIS

A. PARENT, IMPRIMEUR DE LA FACULTÉ DE MÉDECINE

A. DAVY, successeur

52, RUE MADAME ET RUE MONSIEUR-LE-PRINCE, 14

1884

ÉTUDE COMPARÉE

SUR

LE LAIT DE LA FEMME

DE L'ANESSE

DE LA VACHE ET DE LA CHÈVRE

ÉTUDE COMPARÉE

SUR LE LAIT

DE LA FEMME, DE L'ANESSE

DE LA VACHE ET DE LA CHÈVRE

PAR

Henri FÉRY

Chef des travaux chimiques au laboratoire de la clinique
des maladies des enfants.

PARIS

A. PARENT, IMPRIMEUR DE LA FACULTÉ DE MÉDECINE

A. DAVY, successeur

52, RUE MADAME ET RUE MONSIEUR-LE-PRINCE, 14

1884

Extrait du JOURNAL DES CONNAISSANCES MÉDICALES.

ÉTUDE COMPARÉE

SUR LE

LAIT DE LA FEMME

DE L'ANESSE

DE LA VACHE ET DE LA CHÈVRE

Par **H. FÉRY**

AVANT-PROPOS

La mort prématurée de M. le professeur Parrot a interrompu les leçons sur l'allaitement, que le public médical suivait avec tant d'intérêt, à l'amphithéâtre de la clinique des maladies des enfants.

Le travail que nous présentons aujourd'hui a été entrepris sous ses auspices ; il devait trouver place dans la publication de ces leçons et il l'y reprendrait sous une autre forme, si le cours de notre maître regretté venait à paraître.

Le lait a été l'objet d'études tellement multipliées, qu'il y a, semble-t-il, quelque témérité à vouloir ajouter à ce qui a été dit par des auteurs dont les travaux jouissent d'une réputation méritée.

Pourtant, qu'arrive-t-il lorsque le médecin consulte les ouvrages qu'il a entre les mains, afin de se rendre compte de la composition d'un liquide qui, après avoir été la seule nourriture de l'enfant pendant les premiers mois de son existence, joue un rôle si considérable, non seulement dans notre alimentation journalière, mais encore dans la thérapeutique ?

Ce qui ne peut manquer de le frapper tout d'abord, ce sont les contradictions qu'il relève dans les documents qu'il compulse, les variations importantes que subissent les éléments constitutifs du lait suivant qu'il s'en rapporte à tel ou tel auteur. Dans quelle incertitude doivent le plonger les chiffres différents qu'il a devant les yeux ! Force lui est de renoncer à se faire une opinion.

Ces écarts si considérables peuvent-ils être attribués à la variabilité de la constitution physiologique du lait ? Nous croyons que ce n'en est pas là la cause exclusive et qu'il faut en rechercher d'autres.

En premier lieu, quelques auteurs seulement ont réuni un nombre d'analyses suffisant pour établir des résultats moyens. Les autres présentent des résultats isolés, et nous verrons dans le cours de cette étude que certains éléments, le beurre notamment, peuvent varier dans des proportions énormes, non seulement d'un individu à un autre, mais encore dans le même individu.

En second lieu, et nous croyons que cette cause n'est pas la moins importante, les différences que l'on constate dans les résultats obtenus doivent être attribuées à l'insuffisance et à la défectuosité des méthodes employées dans l'analyse du lait.

Nous n'avons pas l'intention de passer en revue ces méthodes et encore moins celle de les critiquer. Ce n'est qu'après de nombreux tâtonnements qu'on a pu arriver à séparer d'une façon satisfaisante les éléments qui entrent dans la composition d'une liquide aussi complexe que le lait. Aujourd'hui, grâce à M. le Dr Adam, on est en possession d'un moyen simple et commode d'effectuer cette séparation (1).

Voici un bref résumé de cette méthode :

Lorsqu'on agite du lait avec un peu de plus de deux fois son volume du mélange indiqué par M. Adam, mélange composé de 100 volumes d'alcool ammoniacal à 75° et de 110 volumes d'éther à 65°. On voit au bout de quelques minutes la masse liquide se séparer très nettement en deux couches. La couche supérieure,

(1) Adam. Thèse de Paris, 1879.
Annales d'hyg. et de méd. 3e série, t. I, 1879.
Instruction pour le dosage pondéral et volumétrique du beurre dans le lait et pour l'analyse complète de ce liquide. (Journal de pharm. et de chim., 1881.)

ou couche éthéro-butyreuse, contient tout le beurre du lait, l'inférieure contient la caséine, le sucre et les sels. En opérant dans un appareil approprié et avec les précautions indiquées par l'auteur on peut recueillir à part la couche inférieure où l'on coagule la caséine que l'on pèse après avoir filtré le liquide sur un filtre taré. Dans le sérum limpide résultant de cette filtration on dose le sucre. La couche supérieure est reçue dans un vase taré et, après évaporation le beurre reste seul dans le récipient et peut être pesé, Une des grandes difficultés de l'analyse du lait : la séparation du beurre est ainsi surmontée.

L'extrait sec se fait à part en évaporant une quantité connue de lait, 10 cc. par exemple, dans une capsule. On a soin de coaguler le lait et d'arriver à la plus grande division possible de la masse desséchée. Une fois le poids du résidu sec connu on incinère le contenu de la capsule et on obtient ainsi les sels.

Aux anciens procédés de coagulation en masse du lait, de dessiccation en présence de substances étrangères et d'épuisement par l'éther, s'est donc substitué le procédé de la séparation de la matière grasse au sein même du liquide.

Vaguement entrevue par M. Marchand, de Fécamp, cette méthode est devenue entre les mains de M. Adam aussi facile à suivre et aussi exacte que possible. Plusieurs analyses peuvent être menées de front par le même opérateur dans un temps relativement court.

Grâce à ce procédé, chaque élément du lait peut être dosé séparément, et on a ainsi un moyen de contrôle dont on est privé lorsqu'on est obligé d'avoir recours à un dosage par différence.

Enfin, pour nous résumer, quelle que soit l'opposition qui ait pu lui être faite, la méthode de M. Adam s'impose à tous ceux qui voudront s'occuper sérieusement de cette importante question et si, dans ces dernières années, il a été publié sur le lait quelques travaux remarquables, c'est en grande partie à elle que nous les devons.

Quelques mots maintenant sur le but que nous nous proposons d'atteindre dans ce travail.

Réunir un certain nombre d'analyses de lait recueilli dans des conditions physiologiques aussi bien définies que possible; de l'ensemble de ces analyses déduire la composition moyenne de ce liquide ; faire cette étude, d'abord sur le lait de la femme, la répéter ensuite sur celui de la vache, de l'ânesse et de la chèvre, c'est-à-dire sur les laits dont l'usage est journalier ou très répandu; enfin mettre en évidence les caractères qui rapprochent ces divers laits ou qui les différencient, tel est le cadre dans lequel nous nous renfermerons.

Le laboratoire de la clinique des maladies des enfants est bien placé pour permettre de se livrer à une étude de cette nature. L'hospice des Enfants-Assistés offre, en effet, des ressources variées. Il comprend un service de nourrices sédentaires où l'on peut se procurer du lait de femme depuis les premiers jours de la lactation jusqu'à la dernière période de l'allaitement. C'est un avantage immense qu'il possède à ce point de vue sur les services d'accouchement ou on ne peut avoir que du lait très jeune, les femmes quittant d'ordinaire ces services pue de temps après leur délivrance.

Dans l'hospice, il y a en outre une nourricerie installée sur la demande de M. Parrot et où les enfants sont nourris au lait d'ânesse.

Enfin il y a une vacherie.

Trois sortes de lait peuvent donc y être etudiés sans qu'il soit nécessaire de se les procurer au dehors.

Il n'est que juste de remercier ici le Directeur de l'établissement M. Lafabrègue de la bienveillante sollicitude qu'il n'a cessé de montrer à l'égard du Laboratoire de la clinique.

Nous avons dû, à cause de leur dimension, rejeter à la fin de la brochure les tableaux dont nous parlons dans le cours de cette étude.

CHAPITRE I.

Lait de femme.

Nous n'avons pas à donner ici les caractères physiques du lait de la femme, caractères qui ont été décrits par les différents auteurs. Nous indiquerons cependant une particularité que nous retrouverons dans le lait d'ânesse, mais à un moindre degré. Lorsqu'on abandonne le lait de femme à lui-même, on voit se former, à sa surface, un disque dont l'épaisseur varie suivant la richesse du lait en beurre et suivant la hauteur de la couche liquide. Au-dessous de cette crème, dont l'aspect diffère sensiblement de celui de la crème du lait de vache, le lait est *opalin* et *translucide*. Il ressemble à du petit-lait ordinaire un peu trouble. Ce phénomène se produit au bout de quelques heures. Le lait reprend son aspect normal lorsqu'on l'agite.

La densité moyenne du lait de la femme est, d'après nos analyses, de 1033,50. Elle peut s'élever à 1037 et descendre à 1027.

Composition du lait de femme. — Il a été fait des analyses assez nombreuses du lait de la femme. Nous aurons occasion de citer quelques chiffres dans le cours de ce travail et de les comparer aux résultats que nous avons obtenus.

Nous ferons remarquer que tous ces chiffres se rapportent au kilogramme de lait. Dans nos analyses, nous avons cru ne pas devoir suivre cette façon de procéder, et les résultats que nous donnons se rapportent au litre, comme cela se pratique généralement aujourd'hui pour le lait de vache. Nous avons pensé que, pour rendre les analyses qui feront l'objet de cette étude comparables entre elles et comparables aussi à celles qui se font journellement du lait de vache, il valait mieux adopter le dosage par litre. Du reste, nos densités ont été prises assez exactement pour qu'un calcul très simple permette de comparer nos chiffres à ceux qui ont été obtenus précédemment et qui se rapportent au kilogramme. Ce calcul a été fait pour la moyenne de nos analyses. Nous trouvons dans ce système un autre avantage : c'est celui de nous faire connaître directement la quantité d'eau contenue dans un litre de lait, en retranchant le poids du résidu sec du poids du litre.

Le tableau que nous donnons contient 25 analyses portant sur 21 femmes, nourrices sédentaires à l'hospice des Enfants-Assistés. Ces femmes sont, sous tous les rapports, dans de bonnes conditions d'hygiène et de santé. Les nourrissons qui leur sont confiés se portent bien, à moins que l'état misérable dans lequel ils étaient avant leur entrée à l'hospice n'ait rendu difficile ou même impossible leur retour à un état normal.

Tous ces laits ont été prélevés le matin, une heure et demie à deux heures après que l'enfant avait teté. On remarquera que ces nourrices, à part deux d'entre elles âgées de 28 ans, sont de très jeunes femmes. Toutes sont primipares, à l'exception des n°s 2, 6 et 17.

Les quatre premières colonnes de chiffres de ce tableau donnent la valeur des éléments dont l'ensemble constitue la partie solide du lait. Cette partie solide, ou extrait sec, est elle-même dosée à part, et les résultats se trouvent dans la sixième colonne. La cinquième colonne est donnée par l'addition des quatre premières et permet de constater l'écart qui existe entre le total des éléments solides dosés séparément et l'extrait sec. Cet écart, assez faible et quelquefois nul dans le lait de la femme (1 gr.17 en moyenne), est dû, croyons-nous, à la précipitation incomplète des matières albuminoïdes.

A ce tableau nous joignons :

1° L'analyse du lait d'une primipare de 35 ans allaitant depuis vingt mois. Ce lait ne provient pas de l'hospice.

2° L'analyse d'un lait de 25 mois qui nous a été communiquée par M. Magnier de la Source.

3° Deux analyses faites par Mme Brès du lait des femmes galibis du Jardin d'acclimatation, l'un de ces laits est âgé de 3 mois et et l'autre de 2 ans (1).

N° 1, *Femme de 35 ans primipare.*
Lait de 20 mois.

	gr.	
Densité.......	1035,00	
Eau...........	907,10	par litre.
Extrait sec....	127,90	—
Beurre.......	39,00	—
Sucre........	74,58	—
Caséine.	11,00	—
Sels..........	2,20	—

(1) C. R. Académie des sciences, 1882.

N° 2, *Lait de 25 mois.*

	gr.	
Densité.......	1023,00	
Extrait sec....	143,60	par kilog.
Beurre........	59,43	—
Sucre.........	73,15	—
Caséine.......	10,05	—
Sels..........	0,77	—

N° 3, *Femmes galibis.*

N° 1, lait de 3 mois.	gr.		N° 2, lait de 2 ans.	gr.	
Densité (à 20°).	1029,4		(à 20°)	1027,85	
Extrait sec...	120,08	par kilogr.		144,80	par kilogr.
Beurre.......	34,70	—		51,96	—
Sucre........	74,78	—		77,70	—
Caséine......	9,54	—		13,12	—
Sels.........	1,93	—		1,62	—

Examinons ce que devient dans notre tableau chacun des éléments du lait.

Beurre. — Le beurre varie dans de très fortes proportions; c'est l'élément le plus inconstant du lait. On voit qu'il peut s'élever à 78 gr. 50 et s'abaisser à 15 gr. 60. Des chiffres très élevés ont été constatés par Doyère (74 gr. 50); par Filhol et Joly (73 gr. 50). Les moyennes données par Filhol et Joly (47 gr. 50), Tidy (40 gr. 20), Christen (43 gr. 50), ainsi que celle donnée par M. Arm. Gautier (1), d'après les analyses de divers auteurs (45 gr.), se rapprochent de la nôtre : 42 gr. par kilogr. Les moyennes adoptées par les autres auteurs nous paraissent beaucoup trop faibles. — Moyenne par litre 43 gr. 43.

Le beurre est l'élément qui paraît le plus influencé par l'âge du lait. Cependant, nos analyses sont trop peu nombreuses pour nous permettre d'être affirmatif à cet égard. Nous croyons pourtant que l'on peut conclure du tableau qui précède, que la quantité de beurre va croissant jusqu'au huitième mois, contrairement à l'opinion de Becquerel et Vernois, d'après qui le beurre diminue progressivement de 39 à 16 gr. par kilogramme jusqu'à cette époque, pour augmenter ensuite et se maintenir stationnaire entre 20 et 26 gr. Nos résultats et les quatre analyses jointes à

(1) Chimie appliquée à la physiologie, t. II, p. 262.

notre tableau, semblent montrer qu'à partir du huitième mois le beurre devient stationnaire.

Du reste, il est, nous le répétons, très difficile de tirer des conclusions certaines en présence des variations considérables que ce corps subit dans ses proportions. Si on se reporte, en effet, aux n°s 1, 13, 20 et 21 du tableau, on voit que chez un même sujet les chiffres subissent d'assez grandes fluctuations.

Sucre. — La lactose est l'élément qui entre pour la plus grande quantité dans l'ensemble de la partie solide du lait. C'est aussi le plus constant. Notre chiffre moyen est de 76 gr. 15 par litre ou 73 gr. 70 par kilogr. Il peut s'élever à 86 gr. et tomber à 68 gr. 50. Les chiffres de 55 à 60 gr. donnés par les auteurs sont trop faibles, ceux qui sont inférieurs sont absolument faux. M. Esbach donne 71 gr., c'est là une bonne moyenne.

Les erreurs qui ont été commises dans le dosage du sucre peuvent tenir à plusieurs causes : 1° on a pu précipiter incomplètement les matières albuminoïdes ce qui a dû entraver le dosage, soit par le polarimètre, soit par le réactif cupro-potassique. Quelques opérateurs n'ont même pas précipité la caséine et, dans certains ouvrages récents, on prétend que cette précipitation n'est pas indispensable et qu'il suffit d'étendre d'eau le lait à examiner, Nous nous demandons comment on peut doser le sucre dans de pareilles conditions, quand le dosage dans des liquides clairs présente déjà une certaine difficulté; 2° quelques chimistes ont dû négliger d'étendre le sérum à un volume bien déterminé; 3° ils ont pu oublier que la lactose réduit le sulfate de cuivre plus faiblement que le glucose.

Caséine. — La quantité de caséine est faible dans le lait de femme. Nous avons trouvé une moyenne variant entre 17 gr, 50 et 7 gr. 40 comme points extrêmes. Les chiffres donnés par les auteurs sont généralement beaucoup trop élevés. Quelques-uns ont trouvé des chiffres supérieurs à 40 gr., et cela se comprend, car presque tous ont dosé la caséine par différence. Toutes les erreurs de l'analyse et notamment les grosses erreurs commises sur le sucre, se sont accumulées sur la caséine. M. Esbach donne 9 gr. par kilogr. Cette moyenne me paraît un peu faible.

Sels.— Tous les auteurs ont constaté la petite quantité des éléments minéraux qui entrent dans la composition du lait de femme. Notre moyenne est de 2 gr. 14 par litre, et se rapproche de celles données jusqu'ici. Maximum: 3 gr. 10; minimum: 1 gr. 60 par litre.

Nous reviendrons sur tous ces éléments lorsque nous étudierons comparativement les divers laits.

L'extrait sec résultant de l'ensemble des poids du beurre, du sucre, de la caséine et des sels, subit les mêmes variations que ces éléments. Nous avons constaté les chiffres extrêmes de 171 et de 107 gr. 30. La moyenne de nos analyses donnant 133 gr. 40. Le chiffre de 162 gr. a été rencontré par Doyère, Filhol et Joly.

Il nous a paru intéressant de rechercher à combien peut s'élever la quantité de lait fournie par une nourrice en vingt-quatre heures et de connaître ainsi le poids des éléments solides et liquides qui sont éliminés par la mamelle; mais dans la pratique il est impossible de se procurer la quantité totale du lait des vingt-quatre heures.

Il a fallu nous contenter de résultats approximatifs. Nous avons trouvé dans la thèse de Mme Brès, *De la mamelle et de l'allaitement*, des renseignements qui nous ont permis d'arriver à un résultat sensiblement voisin de la vérité. Cet auteur a réuni une série d'observations dans lesquelles est noté aussi rigoureusement que possible le poids de l'enfant avant et après chaque tetée. Par les différents poids de l'enfant on connaît ainsi le poids du lait sécrété en vingt-quatre heures.

Voici les résultats fournis par ces observations :

Nos 1.	Lait de	6 jours......	900 grammes.
2.	—	5 jours.......	800 —
3.	—	3 jours.......	700 —
4.	—	3 mois.......	950 —
5.	—	9 mois.......	1000 —
6.	—	6 mois.......	700 —

Ces six observations nous donnent un poids moyen de 842 gr. en vingt-quatre heures. Adoptons ce chiffre et nous pourrons au moyen de la dernière ligne horizontale de notre tableau, calculer la composition de ces 842 gr. de lait. Nous trouvons :

Beurre.	Sucre.	Caséine.	Sels.	Extrait sec.	Eau.
35 gr. 38	62 gr.03	8 gr. 60	1 gr. 74	108 gr. 67	733 gr. 33

Ces chiffres peuvent, croyons-nous, être admis comme représentant la composition du lait de vingt-quatre heures.

---

(1) Thèse de Paris, 1875.

CHAPITRE II.

Lait d'ânesse.

Quoique le lait d'ânesse présente un grand intérêt au point de vue de l'alimentation des enfants nouveau-nés, son étude a été quelque peu délaissée. La ressemblance qu'il offre avec le lait de femme aurait dû pourtant, ce nous semble, attirer davantage sur lui l'attention du chimiste. M. le professeur Parrot a remis à l'ordre du jour la question de l'emploi du lait d'ânesse. Nous renvoyons le lecteur à son remarquable mémoire sur la nourricerie de l'hospice des Enfants-Assistés (1).

Le lait d'ânesse est plus fluide que le lait de vache. Il doit peut-être cette propriété à la nature particulière du beurre qu'il renferme et à la quantité minime de caséine qu'il contient. Abandonné à lui-même, il ne se coagule pas en masse. La caésine y forme, il est vrai, de petits grumeaux très ténus, mais le lait reste liquide. La graisse monte à la surface et y forme une couche crémeuse en même temps que l'opacité des parties sous-jacentes diminue. Ces caractères physiques le rapprochent donc assez nettement du lait de femme.

Nous avons indiqué dans notre tableau les résultats de vingt-cinq analyses portant sur onze ânesses de la nourricerie des Enfants-Assistés. Ce tableau présente malheureusement une lacune; nous avons dû supprimer une partie de la colonne indiquant l'âge du lait. Les renseignements nous manquaient ou étaient insuffisants.

La disposition des colonnes de chiffres est la même que pour le tableau du lait de femme. Nous en avons ajouté deux: l'une donne la date des analyses, ce qui nous permet de constater certaines variations chez un même animal et dans un espace de temps relativement court; l'autre offre quelques indications sur les éléments ajoutés à la nourriture habituelle des ânesses, qui consiste pendant toute l'année en son et luzerne sèche.

Les laits, qui font l'objet de ces analyses, ont été prélevés

---

(1) Bull. de l'Ac. de méd., 1882.

dans les mêmes conditions que le lait de femme, c'est-à-dire le matin une heure et demie à deux heures après la tetée des enfants.

Nous allons procéder ici comme nous l'avons fait pour le lait de femme, c'est-à-dire que nous allons constater la proportion des éléments qui entrent dans la composition du lait d'ânesse ainsi que leurs variations nous proposant de revenir sur leur étude dans le dernier chapitre de ce mémoire.

Beurre. — Le lait d'ânesse n'échappe pas à la règle générale, et le beurre y est, comme dans les autres laits, l'élément le plus sujet à de grandes variations. D'après nos analyses, c'est dans le lait d'ânesse que l'on peut constater les écarts les plus considérables entre les chiffres qui représentent cet élément. Nous avons rencontré, en effet, le chiffre énorme de 87 gr. par litre et le chiffre très minime de 3 gr. Et ces variations ne se produisent pas seulement d'un individu à un autre; chez le même animal nous avons constaté les différences les plus extraordinaires. Presque tous les numéros de notre tableau en offrent des exemples. En vingt et un jours, le beurre du nº 6 descend de 60 gr. à 10 gr.; en quatorze jours, celui du nº 7 descend de 77 gr. à 16 gr. Peut-on expliquer ces chutes par l'introduction de sel dans la nourriture des ânesses? Nous ne le croyons pas; d'abord parce que la diminution du beurre ne se produit pas aussitôt après que le sel a été mélangé aux aliments ou se produit alors que la dose a été réduite, et ensuite parce que nous voyons que malgré cette addition le beurre du nº 10 a monté de 3 gr. à 24 gr. et celui du nº 11 de 16 gr. à 56 gr. La moyenne adoptée par les auteurs est de 15 gr. 50 par kilogramme. Le chiffre le plus élevé (31 gr. 50) a été constaté par Doyère. D'après nos analyses, la moyenne est de 31 gr. 10 par litre et de 29 gr. 15 par kilogramme.

Sucre. — Le sucre existe en grande quantité dans le lait d'ânesse. Nous avons obtenu comme chiffre maximum 78 gr. 82 et comme chiffre minimum 47 gr. 11. Moyenne par litre 69 gr. 30, par kilogramme 67 gr. 15. On voit que cet élément subit de plus fortes oscillations que dans le lait de femme. La moyenne des auteurs, 58 gr. par kilogramme, est beaucoup trop faible,

Caséine. — La quantité de caséine est loin d'être constante dans le lait de femme; elle varie de 4 gr. 10 à 15 gr. 90 par litre, la moyenne étant de 12 gr. 30 par litre et 12 gr. 10 par kilogramme. Nous appelons l'attention sur l'analyse du nº 4, où le chiffre de la caséine est inférieur à celui des sels (caséine 4 gr. 10, sels 4 gr. 40).

Nous avons constaté un fait assez curieux : lorsqu'on effectue dans l'appareil Adam la séparation en deux couches : la supérieure éthéro-butyreuse, l'inférieure renfermant la caséine, le sucre et les sels, il nous est arrivé de voir des laits assez riches en caséine donner une couche de liquide inférieur aussi limpide que la couche éthéro-butyreuse et de laits très pauvres en caséine (n° 7, 29 novembre, 4 gr. 80) fournir au contraire une couche inférieure extrêmement opaque. Y avait-il précipitation des sels ?

Les observations que nous avons présentées à propos du lait de femme, sur les chiffres de caséine donnés par certains auteurs, subsistent pour le lait d'ânesse.

Sels. — Les sels sont en proportion plus considérable dans le lait d'ânesse que dans le lait de femme.— Moyenne : 4 gr. 50 par litre, 4 gr. 36 par kilogramme.

Extrait sec. — L'extrait sec est représenté par le chiffre moyen de 118 gr. 10 par litre, 114 gr. 50 par kilogramme. Il peut s'élever à 164 gr. et s'abaisser à 85 gr. 75 par litre. La moyenne des analyses des divers auteurs est de 93 gr. par kilogramme, ce poids pouvant s'élever à 135 gr. 40 et descendre à 89 gr. 76.

La différence moyenne entre le poids total des éléments dosés et le poids de l'extrait sec est de 1 gr. 90.

La *densité* moyenne est de 1032 gr. 10.

Filhol et Joly ont analysé le lait d'ânesse provenant de 24 heures. Ils ont trouvé le résultat suivant :

	gr.	
Beurre	16,50	par kilogr.
Sucre	62,30	—
Caséine	9,53	—
Extrait sec	95,30	—

La quantité de lait fournie par l'animal était de 2 litres.

Nous avons fait deux analyses portant sur le lait de 24 heures. L'un était un lait âgé de 5 mois ; la quantité était de 1300 cent., l'autre était un lait de 8 mois ; la quantité était de 1620 cent.

Malheureusement les ânesses de l'hospice habituées à être tetées par les enfants ne se laissent que difficilement traire à la main et nous croyons que les quantités de lait que nous avons obtenues ne représentent pas la totalité du lait des 24 heures.

Quoi qu'il en soit, voici nos résultats :

Lait de 5 mois.

	Analyse par litre.	Donnant par 1300 c.c.
	gr.	gr.
Densité......	1034,80	»
Eau.........	936,40	»
Extrait sec...	98,40	127,90
Beurre......	11,00	14,30
Sucre.......	72,90	94,77
Caséine......	9,40	12,22
Sels.........	4,10	5,33

Lait de 8 mois.

	Analyse par litre.	Donnant pour 1620 c.c.
	gr.	gr.
Densité......	1033,60	»
Eau.........	917,80	»
Extrait sec...	115,80	188,60
Beurre......	28,40	46,00
Sucre.......	69,10	111,95
Caséine.....	11,20	18,14
Sels.........	4,60	7,45

On voit que dans ces conditions la différence la plus grande a encore porté sur le beurre.

Tels sont les résultats que nous avons obtenus avec le lait d'ânesse. Peut-être auraient-ils été différents, si, au lieu d'animaux enfermés dans une étable, on avait eu affaire à des ânesses vivant à la campagne et dont la nourriture renfermerait une plus grande quantité d'eau.

CHAPITRE III.

Lait de vache.

§ I.

Le lait de vache est de tous les laits usuels celui sur lequel existent les travaux les plus nombreux. Les influences diverses qui peuvent faire varier sa composition, telles que: la race de l'animal, son âge, sa nourriture, le moment où la traite est faite, les diverses périodes de celle-ci ont été l'objet d'études répétées et nous n'avons point la prétention d'apporter sur ces différents points des documents nouveaux.

Cependant nous avons pensé que, dans une étude comparée sur le lait, il était bon de ne nous appuyer que sur des analyses faites par une même méthode. C'est pourquoi nous donnons un tableau comprenant les résultats de 25 analyses de lait de vache, analyses portant sur 7 animaux et qui ont été faites sur des traites entières. Le lait a toujours été trait devant nous.

Ce tableau est disposé de la même façon que les précédents. Nous avons ajouté une colonne indiquant à quel moment de la journée a été faite la traite dont le lait a été soumis à l'analyse.

Les vaches sont de race hollandaise, elles sont nourries à la vacherie de l'hospice des Enfants-Assistés.

Voici, d'après nos analyses, la composition moyenne du lait des vaches hollandaises :

Densité. — La densité moyenne du lait de vache est de 1033,40 s'élevant à 1036,20 et pouvant tomber à 1026.

Beurre. — La quantité moyenne de beurre est de 34 gr. par litre ou 32 gr. 92 par kilogramme. Les chiffres que nous avons constatés sont le chiffre maximum de 63 gr. 20 et le chiffre minimum de 13 gr. 20 par litre.

Sucre. — Le chiffre moyen est de 52 gr. 16 par litre ou 50 gr. 52 par kilogramme, chiffre qui peut osciller entre 48 gr. 88 et

(1) Voir le Journal des Connaissances médicales des 4 et 18 octobre 1883.

56 gr. 85 par litre. Nous voyons qu'ici encore le sucre est l'élément le moins variable du lait.

Caséine. — Le poids moyen de caséine est 28 gr. 12 par litre, 27 gr. 21 par kilogramme, chiffres extrêmes 37 gr. 20 et 23 gr. 40 par litre.

Sels. — Quantité moyenne : 6 gr. par litre ou 5 gr. 86 par kilogramme, maximum 8 gr. 40, minimum 4 gr. 75 par litre.

Extrait sec. — Le poids moyen de l'extrait sec est de 123 gr. 32 par litre, soit 119 gr. 34 par kilogramme. Il peut s'élever à 147 gr. et s'abaisser à 104 gr. 20 par litre. L'écart moyen entre le poids total des éléments dosés et celui de l'extrait sec est de 3 gr. 04 en moins.

Dans ces 25 analyses on a 10 échantillons du lait du matin, 10 du lait du soir et 5 du lait du milieu du jour. Nous avons fait les moyennes du lait trait à chacun de ces moments de la journée, nous avons trouvé par litre :

	Beurre.	Sucre.	Caséine.	Sels.	Extrait sec
	gr.	gr.	gr.	gr.	gr.
Lait du matin......	25,00	52,10	27,20	6,66	114,40
— midi........	47,20	52,30	27,20	5,70	135,30
— soir........	36.30	52,24	29,60	6,53	126,25

En se reportant au tableau on reconnaîtra quelles sont les analyses qui ont servi a établir ces moyennes.

On voit que le lait du matin est le plus pauvre en beurre, comme cela a été indiqué par les auteurs. Le chiffre du beurre a toujours été élevé dans le lait du milieu de la journée.

Notre tableau ne nous permet pas de connaître l'influence de l'ège sur la composition du lait de vache.

Les travaux des auteurs nous laissent, à ce sujet, dans la plus complète incertitude.

Il nous a paru intéressant de rechercher le poids des éléments solides éliminés par une vache dans le lait de vingt-quatre heures et comment ce poids se répartit sur les éléments.

Nous allons rapporter d'abord deux analyses faites par nous dans ce but.

Nous avons jaugé aussi exactemant que possible dans des vases bien gradués la quantité de lait produite à chaque traite par la vache n° 1, le 23 mai 1882.

Celle du matin a produit		11	litres	20
— midi	—	4	—	90
— soir	—	5	—	60
Total		21	litres	70

Nous avons prélevé un centième sur la totalité de chaque traite : l'analyse a été faite sur le mélange de ces trois prélèvements, mélange qui donnait très approximativement la composition moyenne du lait de la journée ; nous avons trouvé :

	Composition moyenne par litre du lait de la journée.	Totalité des éléments pour la journée.
	gr.	lit.
Densité.....	1034,80	(21,70)
Eau........	930,30	
Extrait sec..	104,50	2267 gr.
Beurre.....	23,10	501 —
Sucre.......	49,10	1065 —
Caséine......	23,20	503 —
Sels........	4,60	99 —

Nous avons opéré de même le même jour sur le lait de la vache n° 3.

La traite	du matin	a été de	11 litres	10
—	de midi	—	4 —	80
—	du soir	—	5 —	10
	Total		21 litres	00

Nous avons trouvé :

	Composition moyenne par litre du lait de la journée.	Total des éléments pour la journée.
	gr.	
Densité.....	1033,10	(21) lit.
Eau........	903,10	
Extrait sec..	130, »	2730 gr.
Beurre......	34,10	716 —
Sucre.......	53,34	1120 —
Caséine.....	32,10	674 —
Sels........	6,90	145 —

Nous avons cru devoir réitérer cette expérience en faisant l'analyse du lait de chaque traite mesurée aussi exactement que possible.

Si on veut bien se reporter à notre tableau on verra que le 2 juin le lait de la vache n° 1 a été analysé le matin à midi et au soir.

La 1re traite a produit............	9 litres 75
La 2e —	5 — 60
La 3e —	4 — 50
Total.......	19 litres 85

En multipliant les chiffres de l'analyse par ceux qui nous étaient fournis par le jaugeage des traites nous sommes arrivé aux résultats suivants en chiffres ronds :

		EXTR. SEC.	BEURRE.	SUCRE.	CASÉINE.	SELS.
Traite du matin.	9 lit. 75	1017 gr.	173 gr.	520	247	53
— de midi ..	5 — 60	694 »	217 »	292	137	31
— du soir...	4 — 50	574 »	178 »	249	113	25
Total des 3 traites.	19 lit. 85	2285 gr.	568 gr.	1061	497	109

En faisant la moyenne générale pour toute la journée nous avons trouvé que les éléments se répartissaient ainsi :

	gr.	
Extrait sec..	115,13	par litre.
Beurre..............	28,64	—
Sucre...............	53,49	—
Caséine.............	25,08	—
Sels................	5,54	—

Cette manière de procéder nous a permis de constater les variations des éléments du lait à chaque traite. On voit dans l'exemple qui nous occupe que, tandis que le sucre, la caséine et les sels subissaient une diminution à peu près proportionnelle à celle de la quantité du lait, le beurre, au contraire, loin d'être influencé par cette diminution, augmentait à la traite de midi et était encore le soir en quantité plus grande que le matin, bien que la traite fût de moitié moins forte.

Nous avons fait la même opération sur le lait de la vache nº 3, le 5 juin (voir le tableau). Cette vache nous donne la même quantité de lait que la première ; mais ce lait est beaucoup plus riche

		EXTR. SEC.	BEURRE.	SUCRE.	CASÉINE.	SELS.
Traite du matin.	10 lit. 65	1249 gr.	246 gr.	595 gr.	317 gr.	67 gr.
— de midi...	4 — 75	677 »	222 »	270 »	153 »	28 »
— du soir...	4 — 50	592 »	173 »	254 »	125 »	28 »
Total des 3 traites.	19 lit. 90	2518 gr.	641 gr.	1119 gr.	595 gr.	123 gr

Ici le beurre diminue, il est vrai, en même temps que la quantité de lait ; mais cette diminution est loin d'être proportionnelle à cette quantité, tandis que les autres éléments diminuent de plus de moitié comme la traite elle-même.

La moyenne générale pour la journée est par litre :

Extrait sec...............	126,57
Beurre..................	32,22
Sucre...................	55,24
Caséine.................	29,90
Sels....................	6,20

Nous avons répété la même expérience sur les vaches n°s 5 et 6 qui ne sont traites que deux fois dans la journée et dont le lait plus âgé est moins abondant.

Vache n° 5 (analyses du 25 et du 26 octobre, voir le tableau.)

		EXTR. SEC.	BEURRE.	SUCRE.	CASÉINE.	SELS.
Traite du soir...	6 lit. 70	801 gr.	215 gr.	340 gr.	188 gr.	53 gr.
— du matin.	8 — 30	915 »	208 »	407 »	226 »	65 »
Total des 2 traites.	15 lit. »	1716 gr.	423 gr.	747 gr.	414 gr.	118 gr.

Moyenne pour la journée (par litre).

	gr.
Extrait sec...............	114,40
Beurre..................	28,20
Sucre.....................	49,80
Caséine..................	27,60
Sels......................	7,86

Vache n° 6 (analyses du 25 et du 26 octobre, voir le tableau.)

		EXTR. SEC.	BEURRE.	SUCRE.	CASÉINE.	SELS.
Traite du soir...	6 lit. 20	716 gr.	184 gr.	308 gr.	166 gr.	48 gr.
— du matin.	7 — 80	889 »	229 »	382 »	210 »	61 »
Total des 2 traites.	14 lit. »	1605 gr.	413 gr.	690 gr.	376 gr.	109 gr.

Moyenne pour la journée (par litre).

	gr.
Extrait sec................	114,64
Beurre..................	29,50
Sucre.....................	49,30
Caséine..................	26,86
Sels......................	7,78

On constate que le beurre du lait de la vache n° 5 est en quantité à peu près égale dans la traite du matin et dans celle du soir et que, pour la vache n° 6 tous les éléments y compris le beurre suivent la même variation que la quantité de lait.

Les analyses qui nous ont servi à établir ces chiffres se trouvant dans notre tableau à l'exception des deux qui ont été faites sur le mélange des trois traites, il est facile de faire la comparaison de la composition moyenne du lait de chaque traite avec celle du lait de la journée entière.

En faisant une moyenne générale, c'est-à-dire en faisant le total des chiffres de l'extrait sec en vingt-quatre heures, des chiffres de beurre, de sucre, de caséine et des sels éliminés dans le même laps de temps et en divisant les résultats par 6 : nombre des expériences qui ont été faites ; nous trouvons que chaque vache produit dans la journée :

Extrait sec....................	2187 gr.
Beurre......................	543 —
Sucre.......................	967 —
Caséine	509 —
Sels	116 —

Soit en chiffres ronds : un peu plus de 2 kilogrammes de matériaux solides se divisant en :

1/2 kilogramme		de beurre.
1	—	de sucre.
1/2	—	de caséine.
1 hectogramme		de sels.

La quantité moyenne de lait fournie par les vaches hollandaises étant de 18 litres 1/2.

§ II.

Le Lait de vache et le Laboratoire municipal.

Dans cette étude sur le lait de vache, nous n'avons pas cru devoir comparer les résultats que nous avons obtenus à ceux donnés par les auteurs. Ces chiffres, assez nombreux, se trouvent dans les ouvrages qui ont traité spécialement du lait, notamment dans le travail de M. Armand Gautier (1). Qu'il nous suffise de dire que, comme nous l'avons fait remarquer pour le lait de femme et celui d'ânesse, les chiffres qui représentent le poids de la caséine sont souvent beaucoup trop forts, le poids du sucre étant souvent trop faible.

Cependant, nous ne pouvons passer sous silence le long mémoire sur le lait, inséré dans l'ouvrage intitulé : « *Documents sur les falsifications des matières alimentaires et sur les travaux du laboratoire municipal.* » Ce mémoire a soulevé de nombreuses protestations et de vives polémiques, et nous devons reconnaître que les critiques qui lui ont été adressées ne manquent pas de fondement.

Tout d'abord nous constatons qu'il est difficile de savoir si les analyses faites au laboratoire municipal se rapportent au litre ou au kilogramme de lait. Si l'on consulte l'entête des tableaux, on y lit bien en effet l'indication *par litre.* Nous voyons aussi

(1) Armand Gautier. Chimie appliquée à la physiologie, t. II, p. 246, et Dictionnaire de Wurtz : Art. Lait.

(page 236) que l'extrait sec est obtenu en faisant évaporer à 95° 10 cc. de lait mesurés au moyen de *pipettes jaugées avec du lait et se remplissant automatiquement*, ce qui rend *toute erreur impossible* (?). En procédant ainsi on a un extrait sec se rapportant au litre.

Mais voici qui nous jette dans un grand embarras :

La moyenne adoptée par le laboratoire municipal est celle-ci :

Densité à 15°	1033	
Crème	10°	
	gr.	
Extrait sec	130,00	par litre.
Beurre	40,00	—
Lactine	52,70	—
Caséine et albumine	36,00	—
Sels	6,00	—
Eau	870,00	—

Si cette moyenne se rapporte au litre, comme cela est spécifié, on doit obtenir l'eau en retranchant le poids de l'extrait sec du poids du litre, ce qui nous donne ici 903 gr. au lieu de 870 gr., chiffre qui a été obtenu en retranchant 130 gr. de 1000, comme on l'eût fait si l'analyse se fût rapportée à 1000 parties ou au kilogramme.

Nous ferons observer en outre que, dans les tableaux d'analyses (pages 246, 247 et 248), le poids de l'eau est calculé de la même manière, en retranchant de 1000 le poids de l'extrait sec, cela en dépit de l'indication, *par litre*, imprimée en lettres capitales, en tête des tableaux.

On ne paraît pas, du reste, au laboratoire municipal, attacher une grande importance aux différences qui existent entre une analyse se rapportant au poids et une autre se rapportant au volume. Nous voyons en effet (page 250) que, dans un tableau destiné à établir une comparaison entre les diverses moyennes qui ont été données pour la composition du lait, on inscrit à la suite des moyennes de Bouchardat, du dictionnaire de Wurtz (Analyses de Boussingault, Lebel, etc.), de Cameron et de Boudet, qui toutes se rapportent au kilogramme, 1° la moyenne de 86 analyses du laboratoire municipal (laits de la banlieue de Paris) ; 2° la moyenne de 25 analyses de lait pur des laiteries de Paris ; 3° la moyenne adoptée par le laboratoire municipal. Or, nous avons vu que les tableaux qui ont servi à établir les deux premières moyennes, portent l'indication *par litre* ; qu'il en est de même de celle adoptée par le laboratoire et que nous avons citée plus haut. On peut donc s'étonner de les voir figurer dans un tableau où toutes les moyennes se rapportent au kilogramme.

On a fait mieux : de tous ces chiffres se rapportant les uns au poids, les autres au volume, on a tiré une moyenne générale. Que peut-elle bien représenter ?

Si on avait pris la peine de ramener au kilogramme les moyennes du laboratoire municipal, on aurait trouvé pour l'extrait sec, de la moyenne adoptée : 130 : 1033 = 125,84 ; les autres éléments du lait auraient subi une diminution proportionnelle. Pourquoi ne l'a-t-on pas fait? le voici : La moyenne du laboratoire municipal n'a pas été faite, malgré l'affirmation que nous trouvons page 249, d'après des analyses faites au laboratoire; elle est un compromis entre les chiffres donnés par Boudet, et le dictionnaire de Wurtz, chiffres que nous allons citer :

	BOUDET (1).	DICTIONNAIRE.
	gr.	gr.
Densité	1033,00	1031,00
Extrait	130,00	135,00
Beurre	40,00	40,50
Lactine	52,70	55,00
Caséine	40,60	36,00
Sels		4,00

Voici maintenant les moyennes fournies par les analyses du laboratoire (page 250) :

1° Moyenne de 86 échantillons des laits de Paris et de la banlieue :

	gr.
Densité	manque.
Extrait	130,67 par litre.
Beurre	42,23 —
Sucre	50,66 —
Caséine	33,80 —
Sels	manquent.

2° Moyenne de 25 analyses de lait pur des laiteries de Paris :

	gr.
Extrait	135,60 par litre.
Beurre	47,30 —

Manquent le sucre, la caséine, les sels et la densité.

Rien de tout cela ne figure dans la moyenne officielle.

Ces chiffres seraient diminués si on les ramenait au kilogramme. Mais la densité n'étant pas indiquée, il est impossible de faire ce calcul autrement que d'une façon approximative.

(1) Rapport de la Commission du Conseil de salubrité du 21 août 1857.

On comprend maintenant l'éclectisme ingénieux qui a présidé à la confection de la moyenne. On a pris à Boudet la densité, l'extrait, le sucre et le beurre. Au dictionnaire, on a pris la caséine; quant aux sels on les a obtenus en faisant la moyenne des chiffres donnés par les auteurs. On ne s'est pas inquiété de savoir si tous ces chiffres étaient faits pour aller ensemble, et l'on est arrivé à ce résultat que la somme du beurre, du sucre, de la caséine et des sels dépasse de 4 gr. 70 le poids de l'extrait sec :

Extrait sec : 130 gr.
(Beurre) (Sucre) (Caséine) (Sels)
40 + 52.70 + 36 + 6 = 134 gr. 70

C'est à dire que le tout est plus petit que la somme de ses parties.

On n'a pas non plus tenu compte des éléments qui entrent dans le calcul des moyennes de Boudet et du Dictionnaire de Wurtz. On n'a pas songé que les analyses de Filhol et Joly y introduisent des chiffres de beurre tout à fait anormaux, s'élevant à 82 et 88 grammes par kilogramme. Cela n'a rien d'étonnant, puisqu'au laboratoire municipal on n'a pas hésité à faire entrer dans la moyenne des 86 échantillons un lait ayant 240 grammes d'extrait et 110 grammes 40 de beurre.

Aussi, les chiffres de la moyenne officielle sont-ils trop élevés, et ne peuvent-ils être toujours atteints par le lait commercial, ainsi que nous le montrerons.

Quoi qu'il en soit, nous voyons que les analyses faites au laboratoire municipal n'ont apporté aucun élément à l'établissement de la moyenne adoptée. On nous dit, cependant (page 249): *Cette moyenne a été prise sur les laits prélevés dans les divers débits et crèmeries de Paris, dont les analyses sont consignées dans les tableaux des pages* 246 et 247.

Examinons ces tableaux :

Densité. — Nous ne constatons pas de chiffre supérieur à 1033. Celui-ci même n'est signalé qu'une fois. Nous voyons la densité osciller entre 1017 et 1033. On n'a donc pu tirer la densité de ce tableau, on l'a empruntée à Boudet. Les chiffres du tableau donnent 1029,60 d'après le calcul de M. Pellet.

Crémomètre. — On nous permettra de ne pas nous occuper des chiffres contenus dans cette colonne.

Extrait sec. — La moyenne donnée par le tableau est de 130 gr. 67, chiffre voisin de celui qui a été adopté, 130. Mais, comme nous l'avons déjà dit, nous ne savons pas si ce chiffre, non plus que les suivants, se rapporte au litre ou au kilogramme.

Beurre. — La moyenne obtenue par le laboratoire est de 42 gr. 23; ce chiffre ne figure pas dans la moyenne, c'est celui de Boudet qu'on y a fait entrer.

Même observation pour le *sucre*, qui, d'après le laboratoire, s'élève seulement à 50 gr. 66 au lieu de 52 gr. 70 chiffre de Boudet, adopté.

Pour la *caséine*, on a substitué au chiffre 33 gr. 80, donné par le laboratoire, celui de 36 grammes tiré du dictionnaire.

Quant aux *sels*, nous ne trouvons aucune indication qui les concerne dans les tableaux du laboratoire; nous pouvons donc croire qu'ils sont dosés par différence, et qu'en faisant la somme du beurre, du sucre et de la caséine, et en la retranchant du poids de l'extrait sec, nsus obtiendrons le poids des sels.

Nous prenons donc les chiffres qui, dans le tableau de la page 250, sont indiqués comme provenant des tableaux que nous examinons en ce moment, et nous trouvons :

Beurre...........	42.23
Sucre............	50.66
Caséine.........	33.80
Total............	126.69

Extrait sec tiré du même tableau : 130 gr. 67
130 gr. 67 — 126 gr. 69 = Sels : 3 gr. 98

Nous croyons que ce chiffre ne peut être proposé comme exprimant le poids moyen des sels contenus dans le lait. On a eu raison au laboratoire municipal de ne pas l'adopter, et de faire une moyenne entre les nombres énoncés par Bouchardat, par le dictionnaire et par Cameron, qui ont donné 6 grammes, chiffre voisin de la vérité.

Nous avons dit que, dans les tableaux, nous ne trouvons aucune indication relative aux sels, et ici nous demandons la permission de placer sous les yeux du lecteur quelques chiffres que nous allons en extraire.

Qu'on examine les analyses des numéros 520, 521, 528, 532 et 537, on verra qu'en additionnant le beurre, le sucre et la caséine, on arrive à reproduire exactement le poids de l'extrait sec. Que sont devenus les sels? Peut-être n'existaient-ils pas dans ces laits ; mais voici quelque chose de plus extraordinaire, l'addition du beurre, du sucre et de la caséine, du numéro 494, donne un total *dépassant* de 2 gr. 70 le poids de l'extrait sec. Les sels sont ici représentés par une *quantité négative*, fait difficile à expliquer ; car nous ne pouvons pas croire à une coquille dans des tableaux qui ont dû être revus avec le plus grand soin. Le texte en fourmille, il est vrai ; mais les chiffres sur lesquels on s'appuie pour décider de la bonne ou de la mauvaise qualité d'une marchandise, de l'honorabilité ou de la déloyauté d'un commerçant, en doivent être absolument exempts.

Une compensation est cependant offerte à ces laits par trop déshérités : les numéros 546 et 549 nous donnent, par la différence entre le poids total des éléments et celui de l'extrait sec, le chiffre énorme de 44 gr. 90 et 76 gr. 10 de sels par litre.

Nous renvoyons, du reste, ceux de nos lecteurs qui voudraient être plus amplement renseignés, à l'intéressant travail de M. Pellet (1).

L'eau, comme nous l'avons dit, est calculée comme si les analyses se rapportaient au kilogramme et non au litre, comme le porte l'entête des tableaux.

En prenant 1029,60 comme densité donnée par les tableaux, nous trouvons que les chiffres de la moyenne qui en est tirée seraient les suivants s'ils étaient traduits en kilogrammes :

	gr.	
Extrait............	126,91	par kilog.
Beurre.............	41,01	»
Sucre..............	49,20	»
Caséine............	32,82	»
Sels (par différence).	3,88	»

Ces chiffres seraient moins forts si l'on prenait pour base des calculs la densité 1033 adoptée par le laboratoire. On voit que le chiffre de beurre se rapproche seul de la moyenne officielle.

Nous avons assisté à l'élaboration de la moyenne adoptée au laboratoire municipal, et nous avons constaté le peu de confiance que l'on peut avoir aux opérations qui y ont présidé. Voyons maintenant quelles conclusions on prétend en tirer.

On s'est dit que l'on avait établi la composition moyenne du lait pur et que, dès lors, rien ne devenait plus facile que de déterminer la quantité d'eau qui pouvait y être frauduleusement introduite. Nous trouvons en effet (page 269 et suivantes), sous le titre de *table de mouillage du lait*, trois grands tableaux où la quantité d'eau ajoutée est calculée d'après le poids de l'extrait sec. Une première colonne indique ce poids. Les chiffres partent de 130 grammes et descendent de décigramme en décigramme

(1) Examen de l'ouvrage de M. Charles Girard, Paris, 1883.

jusqu'à 80 gr. 6. La deuxième et la troisième colonnes indiquent combien il entre de parties d'eau et combien de parties de lait pur dans 100 parties de lait soumis à l'analyse. Ce nombre de parties est inscrit non seulement en chiffres bruts ; mais en millièmes de parties.

Exemple :

EXTRAIT SEC.	QUANTITÉ D'EAU P. 0/0.	QUANTITÉ DE LAIT MOYEN P. 0/0.
gr.		
130,0	0,000	100,000
129,9	0,077	99,923
.....	......	......
104,1	19,924	80,076
104,0	20,000	80,000
103,9	20,077	79,923

Ce qui signifie que sur 1 litre ou 1,000 cc. les laits ayant 129 gr. 9, 104 gr. 1, 104 gr., 103 gr. 9 d'extrait sec renfermeraient 0cc,77, 199cc,24, 200cc, 200cc,77 d'eau ajoutée. On calcule donc l'eau à un centième de centimètre cube près. Il est impossible, on le voit, de mieux offrir l'apparence de la plus rigoureuse exactitude.

Cependant, il est une objection que nous présenterons tout d'abord. Tous ceux qui se sont occupés d'analyses de lait savent que l'extrait sec ne s'obtient pas avec une précision aussi grande que semble l'indiquer la table de mouillage. Le même échantillon traité par deux opérateurs différents ou même analysé deux fois par le même chimiste peut, quelque précaution qui ait été prise, présenter dans le poids de son extrait sec une différence de quelques décigrammes. Il suffit pour cela qu'une circonstance, légère en apparence, hâte ou retarde l'évaporation, ou que la pipette automatique et infaillible en usage au laboratoire municipal ne remplisse pas consciencieusement son mandat. N'y a-t-il pas dès lors quelque puérilité à aligner ces longues colonnes de chiffres d'extrait si rapprochés les uns des autres, quand il suffirait amplement de les espacer de demi-gramme en demi-gramme, ou même de gramme en gramme. Nous voyons, en effet, d'après la table de mouillage, que 1 p. 0/0 d'eau correspond à un peu moins de 129 gr. d'extrait, 2 p. 0/0 à un peu plus de 127 gr. et 3 p. 0/0 sensiblement à 126 gr.

Cette première objection faite, nous en élèverons une autre beaucoup plus grave; car elle s'adresse, non plus à un détail qui peut, il est vrai, avoir son importance dans un cas que nous examinerons tout à l'heure, mais au principe même sur lequel on s'appuie pour déclarer qu'un lait contient une quantité plus ou moins grande d'eau frauduleusement ajoutée. Nous pensons, en effet, que, quels que soient le nombre et la qualité des analyses, les chiffres moyens qui en sont tirés n'ont point de valeur absolue et qu'ils ne faut point perdre de vue les éléments qui ont servi à les former.

Les chiffres faibles aussi bien que les chiffres élevés concourant à l'établissement d'une moyenne, ce mot seul implique l'existence de maxima et de minima; on ne saurait donc en faire le type immuable d'un produit pur, on n'est pas autorisé à s'appuyer sur elle pour affirmer qu'un lait moins riche en extrait et en beurre que le lait moyen est un liquide frelaté.

Dans les tableaux d'analyse du laboratoire municipal, on n'a pas exclu les laits n'ayant que 121 ou 122 grammes d'extrait; ils y figurent aussi bien que ceux qui en ont 199 ou 240, et cependant, d'après la table de mouillage, ce seraient là des laits contenant de 6 à 7 parties d'eau ajoutée p. 0/0 (nous négligeons les millièmes).

Les tableaux de Boudet cités par le laboratoire (page 285) reconnaissent une limite minima de 115 gr. d'extrait et de 27 à 30 gr. de beurre. Les analyses de Cameron reproduites (page 229) donnent un minimum de 114 gr. d'extrait, ce qui n'empêche pas qu'on les fait suivre de cette réflexion : « ces expériences *prouvent* que le lait contient toujours, en moyenne, 13 p. 0/0 de matières solides » (ou 130 gr.).

En citant les travaux étrangers, on a omis l'intéressante étude de Baumhaüer (1) dont les analyses, au nombre de 182, méritent pourtant quelque attention. Pour être moins parfait que celui de M. Adam, son procédé de dosage de l'extrait sec n'en est pas moins très suffisamment exact, et sa méthode de dosage du beurre est inattaquable. Une des raisons qui ont pu faire qu'on ait ignoré ce travail au laboratoire municipal, c'est qu'il est en contradiction complète avec la moyenne officielle.

Baumhaüer s'est occupé spécialement du lait des vaches hollandaises. Sur ses 182 analyses, 162 ont été faites sur des laits provenant de traites entières; dans ces conditions, l'extrait sec est descendu de 137 gr. 4 à 104 gr. 3 et même à 101 gr. 8 ; mais il s'agissait là d'une vache âgée de 9 ans. Le beurre a varié de 20 gr. 3 à 46 gr. 5. Toutes ces analyses se rapportent au litre. Si

(1) Arch. Néerlandaises. T. IV, 1869.

nous en faisions la moyenne, elles nous donneraient 118 gr. 10 d'extrait et 29 gr. 10 de beurre. Nous sommes bien loin des 130 grammes d'extrait et des 40 grammes de beurre du laboratoire municipal.

M. Esbach a analysé le lait des vaches normandes, l'extrait sec a varié de 100 à 140 grammes, chiffre moyen 125; le beurre de 20 à 50 grammes, chiffre moyen 35. Ses analyses se rapportent au kilogramme.

On a vu, dans notre tableau d'analyses du lait de vache (1), que notre extrait sec a oscillé de 104 gr. 20 à 144 gr. 45, chiffre moyen, 120 gr. 28 (par litre); que le beurre est allé de 13 gr. 20 à 63 gr. 20, chiffre moyen, 34 grammes (par litre). Chose remarquable, ces chiffres si écartés ont été constatés chez un même animal; le chiffre minime de 13 grammes a été rencontré deux fois par nous. La première fois que cela nous est arrivé, nous avons cru que l'animal n'avait pas été trait suivant nos instructions et nous n'avons pas achevé l'analyse; mais, ayant assisté depuis à toutes les traites du lait dont les analyses sont consignées dans notre tableau, nous sommes tombé une seconde fois sur le même chiffre 13 grammes. Du reste, le beurre de cette vache a souvent été dosé seul, et il y a toujours eu des écarts considérables d'un dosage à l'autre.

Quoi qu'il en soit, sur 25 analyses, notre extrait sec a été 18 fois inférieur à 130 grammes, 20 fois nous avons eu un chiffre de beurre inférieur à 40 grammes.

M. Oudaille a trouvé que le beurre pouvait varier de 8 gr. 60 à 58 gr. 80.

Tout cela montre à quel point il est difficile d'établir le type du lait pur; car, aux chiffres faibles que nous avons trouvé, aux chiffres de M. Esbach et de Baumhaüer, on peut en opposer d'autres qui seront non moins conformes à la vérité et qui seront beaucoup plus élevés même que la moyenne du laboratoire municipal. Le lait est un produit physiologique; et, comme tel, sujet aux plus grandes variations suivant la race et suivant l'individu. Quant à ce qui nous concerne, nous pouvons affirmer que la vacherie de l'hospice des Enfants-assistés, sans être un établissement modèle, est dans de bonnes conditions hygiéniques. La santé des animaux est excellente d'après le vétérinaire chargé de les examiner. La nourriture est bien choisie (les drêches ne

(1) Voir Connaiss. méd. du 22 nov.

sont pas en usage), et cependant le lait de cette vacherie ne satisfait que rarement au desideratum du laboratoire municipal.

On nous objectera peut-être que nos analyses ne portent que sur des animaux isolés, que le mélange des laits peut élever le poids des éléments ; nous répondrons par une expérience fort simple. Qu'on prenne dans notre tableau les analyses des vaches 5, 6 et 7 du 26 octobre au matin, analyses que nous transcrirons ici :

	VACHE 5.	VACHE 6.	VACHE 7.
	gr.	gr.	gr.
Extrait.........	110,20....	114......	117,30
Beurre.........	25,10....	29,40...	25,50
Sucre..........	49.......	49,.....	51,85
Caséine........	27,30....	27,.....	30,80
Sels...........	7,80....	7,80 ...	8,40

Le nº 5 a donné	8 lit.	30
Le nº 6 —	7 —	80
Le nº 7 —	11 —	10
Total.......	27 lit.	20

Il est facile au moyen de ces chiffres d'obtenir la composition qu'aurait eu le mélange de ces trois laits, elle aurait été la suivante :

	gr.
Extrait.........	114,19
Beurre.........	26,51
Sucre...........	50,15
Caséine.........	28,24
Sels............	8,05

Lait qui, d'après le tableau de mouillage, serait additionné de 12 parties 154 millièmes d'eau 0/0.

Dans la pratique, du reste, on n'exige plus rigoureusement que le lait reproduise la moyenne du laboratoire municipal, et nous avons eu la bonne fortune d'en avoir deux fois la preuve. Un détaillant chez lequel les experts inspecteurs dn laboratoire venaient de saisir le litre nécessaire aux manipulations que l'on y fait subir au lait (20 grammes suffisent lorsqu'on a recours à la méthode Adam), nous a prié de faire l'analyse de son lait. Nous en avons prélevé un échantillon dans le récipient même ou venait d'être faite la prise du laboratoire. Le fait s'est reproduit deux fois, et voici les résultats donnés par les analyses :

Densité.........	1031 gr. 50.........	1030 gr. 40
Eau............	921 — 50..........	915 —
Extrait.........	110 —	115 — 40
Beurre.........	27 — 20..........	28 — 70
Sucre..........	48 — 10..........	46 — 60
Caséine	28 — 40..........	34 — 40
Sels...........	6 — 10..........	7 — 10

D'après la table, le premier lait aurait été additionné de plus de 15 parties d'eau p. 0/0 ; le second, de plus de 11 parties.

Cependant le détaillant n'a pas été inquiété, le parquet ayant pour règle de ne pas poursuivre *les détaillants* lorsque le lait renferme moins de 20 p. 0/0 d'eau, attendu que c'est, paraît-il, à cette limite que le commerçant ne peut ignorer que son lait est additionné d'eau. Le bénéfice de cette tolérance ne s'étend pas aux marchands en gros ni aux producteurs.

Un point cependant nous semble obscur. Nous avons dit tout à l'heure que l'extrait sec ne pouvait être obtenu rigoureusement. Supposons qu'au lieu de trouver 104 gr. d'extrait, chiffre auquel correspondent 20 parties d'eau p. 100 ou 200 cc. par litre, l'opérateur trouve 104 gr. 1 ou 103 gr. 9, erreur aussi petite que possible; le liquide examiné contiendra dans le premier cas, d'après la table, 199 cc. 24 d'eau ajoutée, dans le second 200 cc. 77, c'est-à-dire un écart de 1 cc. 53 centièmes. La sensibilité gustative d'un laitier est-elle apte à saisir une différence de quelques gouttes d'eau en plus ou en moins ? Nous le croyons d'autant moins que nous avons eu des échantillons de lait pur n'ayant que 104,20 d'extrait et présentant néanmoins un goût très agréable. La gustation ne peut pas se prononcer là ou l'analyse chimique ne saurait rien affirmer avec certitude.

Et, si ce détaillant comparaît devant le tribunal, ces quelques gouttes d'eau en plus ou en moins feront-elles pencher la balance du côté de l'indulgence où du côté de la sévérité? Nous croyons que le magistrat doit être en proie à une certaine perplexité, surtout s'il a présent à l'esprit que cette table de mouillage a pour point de départ une moyenne arbitraire.

Voulons-nous dire que les fraudeurs ne doivent pas être punis? telle n'est point notre pensée, et nous sommes partisan d'une répression rigoureuse, lorsqu'on peut acquérir la certitude qu'une fraude a été commise.

Nous ne pouvons mieux faire que de citer les conclusions de notre collègue M. Esbach et de nous y associer.

« ... En ce qui concerne la vérification du lait de consommation, nous conclurons que, en aucun cas, un expert ne peut dire si un lait est bon ou mauvais en jugeant d'après sa richesse d'ensemble ou les proportions de ses éléments.

« Ne tranchons pas avec des chiffres ce que le physiologiste et le clinicien, qui observent les faits, ne résoudront pas sans difficulté.

« Mais l'expert peut dire si l'échantillon qu'on lui a remis est riche ou pauvre, d'ensemble ou de certains éléments....

« A côté de cela il mentionnera la falsification par introduction d'éléments étrangers, nuisibles ou non nuisibles.

« Quant à l'addition d'eau, quant aux proportions d'éléments, qu'il se réserve pour les cas où le fait est bien incontestable et qu'il se garde d'assigner des limites officielles aux fantaisies que la nature se permet. Plus d'un négociant innocent a dù courber la tête, n'osant entreprendre la lutte du pot de terre contre le pot de fer ; c'est ce qu'il faut savoir éviter (1). »

Certaines administrations, voulant ne payer le lait qu'en raison de sa richesse en extrait et en beurre, et comprenant pourtant très bien qu'un lait pauvre n'est pas un mauvais lait, ont résolu le problème en convenant par leurs cahiers des charges qu'elles retiendraient tant p. 0/0 sur le prix convenu, lorsque le lait qu'on leur fournirait n'atteindrait pas un chiffre d'extrait et de beurre fixé par ces cahiers. Ce moyen, excellent pour l'Assistance publique qui dispose de tous les moyens de contrôle nécessaires, n'est pas à la portée des particuliers, et nous reconnaissons que le problème est difficile à résoudre.

Seulement, nous avons voulu montrer, d'abord, qu'il n'est pas toujours facile de déceler l'addition d'eau, et ensuite que, s'il est vrai que peu d'auteurs ayant étudié le lait *aient eu à leur disposition un nombre aussi considérable d'échantillons et de provenances aussi variées que le laboratoire municipal*, il est fâcheux que ces éléments n'aient pas été utilisés d'une façon assez sérieuse pour que les analyses qui en ont été tirées fussent à l'abri de toute critique.

---

(1) Esbach. Analyse complète du lait.

CHAPITRE IV.

Lait de chèvre.

Le lait de chèvre, dont nous allons nous occuper, jouit d'une antique renommée et passe, encore aujourd'hui, pour rendre les plus grands services dans l'alimentation du premier âge. Sans vouloir contredire cette opinion, nous pensons qu'il ne faut l'adopter qu'avec une certaine réserve. Nous allons voir, en effet, que ce lait n'a qu'une ressemblance assez lointaine avec le lait de la femme, que sa composition le rapproche du lait de vache et que, presque toujours, il est beaucoup plus riche que ce dernier en principes difficilement digestibles par l'estomac du nouveau-né.

Nous donnons ici le résultat de vingt-cinq analyses portant sur sept animaux. Les nos 1, 2, 4 et 5, sont de ces chèvres béarnaises que tout le monde peut voir promenées pendant la belle saison dans les rues de Paris. Les nos 6 et 7, sont deux chèvres communes nourries dans une vacherie parisienne. Le no 3 est une chèvre commune comme les deux précédentes. Elle a été mise à notre disposition par l'administration de l'hospice. Toutes les analyses du lait de cette dernière chèvre ont été faites sur des traites entières. Les autres analyses ont été faites sur des échantillons traits devant nous, soit le matin, soit le soir.

Il est évident qu'aucun de ces animaux n'est dans les conditions de rusticité des chèvres qui paissent en liberté dans les campagnes et dans les pays montagneux; mais le lait qu'elles nous ont fourni est identique à celui que l'on peut se procurer dans les villes, et c'est à ce titre que nos résultats peuvent être intéressants.

Voici ces chiffres qui, d'après nos analyses, représentent la composition du lait de chèvre.

La *densité* moyenne est de 1033,85, oscillant entre 1025,30 et 1039. La moyenne donnée par le Dictionnaire de Wurtz est de 1032,30.

Beurre. — Le poids moyen du beurre est de 60 gr. 68 par litre ou 58 gr. 69 par kilogramme. Il peut monter à 92 gr. 80 et descendre à 30 gr. 40. Le poids moyen serait de 42 grammes d'après le Dictionnaire.

Sucre. — La quantité de sucre contenue dans le lait de chèvre est à peu près la même que celle contenue dans le lait de vache. Soit, en moyenne, 48 gr. 56 par litre ou 46 gr. 97 par kilogramme. Minimum : 29 gr. 91; maximum 56 gr. 90. Moyenne du Dictionnaire de Wurtz 40 grammes.

Caséine. — Le lait de chèvre est très riche en caséine : 44 gr. 27 par litre ou 42 gr. 82 par kilogramme; notre chiffre minimum a été de 30 gr. 80; le chiffre maximum de 59 gr. 60.

Sels. — Ce lait est aussi très riche en sels. Le poids moyen est de 9 gr. 10 par litre ou 8 gr. 80 par kilogramme, nous l'avons vu varier de 6 gr. à 11 gr. 90. Le Dictionnaire de Wurtz donne comme moyenne 5 gr. 60.

Extrait sec. — Le poids du résidu solide du lait de chèvre s'élève en moyenne à 164 gr. 34 par litre ou 158 gr. 95 par kilogramme, nous l'avons vu s'élever à 207 gr. 20 et s'abaisser à 16 gr. Moyenne du Dictionnaire : 124 gr.

L'écart entre le total des éléments dosés et l'extrait sec s'est levé en moyenne à 1 gr. 73 par litre.

Les analyses des divers auteurs s'écartent plus ou moins des nôtres. Becquerel et Vernois ont donné, pour la race des environs de Paris, des chiffres qui se rapprochent de nos résultats, sauf pour le sucre qui d'après eux ne serait que de 37 gr., chiffre évidemment trop faible.

On voit, du reste, que les chèvres béarnaises nous ont donné un lait beaucoup plus pauvre que celui de la chèvre commune de Paris.

Nos renseignements sur les chèvres dont le lait a été soumis par nous à l'analyse ne nous permettent de tirer aucune conclusion sur l'influence de l'âge de l'animal, sur la composition du lait, non plus que sur les variations qui peuvent tenir à la période plus ou moins avancée de la lactation.

Gorup-Bezanez et Wicke ont constaté que la quantité de beurre était doublée dans le lait du soir. Nos analyses, comme on peut le voir d'après notre tableau, nous donnent des chiffres très variables, qu'elles aient été faites sur un lait du matin ou sur un ait du soir.

Nous avons dit que les analyses du lait de la chèvre nº 3 ont été faites sur des traites entières. Cela nous a permis de rechercher la composition du lait de vingt-quatre heures.

Les analyses du 11 avril (soir) et du 12 avril (matin) étaient de 300 cc. et de 350 cc., soit 650 cc. pour la journée, ce qui, d'après les analyses consignées au tableau, nous donne les résultats suivants :

		EXTR.SEC.	BEURRE.	SUCRE.	CASÉINE.	SELS.
1re Traite........	300 cc.	52 gr.24	20 gr.52	15 gr.32	13 gr.38	2 gr.85
2e —	350 cc.	60 gr.12	24 gr.43	18 gr.70	14 gr.24	3 gr.15
Total des 2 Traites.	650 cc.	112 gr.36	44 gr.95	34 gr.02	27 gr.62	6 gr.00

La composition moyenne du lait de la journée eût été celle-ci.

	gr.	
Extrait sec..............	172,86	par litre.
Beurre..................	69,15	—
Sucre...................	52,33	—
Caséine.................	42,50	—
Sels....................	9,23	—

Les traites du 19 avril (soir) et du 20 avril (matin) étaient de 540 cc. et de 700 cc., soit 1.240 cc. en vingt-quatre heures (voir le tableau), ce qui donne :

		EXTR.SEC.	BEURRE.	SUCRE.	CASÉINE.	SELS.
1re Traite.......	540 cc.	85 gr.50	31 gr.86	30 gr.92	18 gr.36	4 gr.23
2e Traite........	700 cc.	105 gr.63	35 gr.84	35 gr.50	27 gr.93	5 gr.46
Total des 2 Traites.	1240 cc.	191 gr.13	67 gr.70	66 gr.22	46 gr.29	9 gr.69

Composition moyenne du lait de la journée :

	gr.	
Extrait sec..............	154,30	par litre.
Beurre..................	54,60	—
Sucre...................	53,40	—
Caséine.................	37,32	—
Sels....................	7,75	—

On voit que la seconde fois le lait, plus abondant, était moins riche.

Voici les résultats que nous avons obtenus avec une chèvre qui donnait 500 cc. de lait dans l'espace d'une journée.

	par litre.	
	gr.	
Densité............	1034,10	pour 500 cc.
Eau...............	869,00	gr.
Extrait sec.........	165,10	82,55
Beurre............	66,40	33,20
Sucre.............	45,15	22,57
Caséine...........	42,50	21,25
Sels..............	10,50	5,25

Nous appelons l'attention sur l'analyse du 25 décembre au soir (chèvre n° 6). Ce jour-là, on n'avait pris à l'animal qu'une très petite quantité de lait lorsque nous avons prélevé notre échantillon. Le lait était excessivement épais ; il présentait un peu l'apparence du lait de chienne. Du reste, le lait de ce dernier animal que nous avons eu l'occasion d'analyser nous a donné des résultats que l'on peut comparer à ceux qui nous ont été fournis par le lait de la chèvre dont nous nous occupons ici. Les voici :

Lait de Chienne.

	gr.	
Densité...............	1037,50	
Eau..................	806,25	par litre.
Extrait sec...........	231,25	—
Beurre................	105,25	—
Sucre.................	59,20	—
Caséine...............	49,50	—
Sels..................	13,75	—
Total des éléments dosés.	227,70	—

Nous ferons remarquer aussi la petite quantité de sucre trouvée dans le lait du 2 janvier au soir (chèvre n° 6). Ce jour-là, l'animal avait donné tout son lait, et n'a pu nous fournir que la quantité strictement nécessaire pour l'analyse.

CHAPITRE V.

Conclusions.

Nous avons jusqu'ici étudié séparément la composition des laits de femme, d'ânesse, de vache et de chèvre, et, de nos analyses, nous avons tiré les moyennes suivantes :

Composition moyenne par litre.

	FEMME.	ANESSE.	VACHE.	CHÈVRE.
Densité........	1033,50	1032,10	1033,40	1033,85
	gr.	gr.	gr.	gr.
Eau...........	900,10	914, »	910,08	869,52
Extrait sec......	133,40	118,10	123,32	164,34
Beurre.........	43,43	30,10	34,00	60,68
Sucre..........	76,14	69,30	52,16	48,56
Caséine........	10,52	12,30	28,12	44,27
Sels...........	2,14	4,50	6,00	9,10

On voit que ce tableau nous permet de classer ces laits en deux groupes : d'une part, le lait de femme et celui d'ânesse, riches en lactose et pauvres en caséine, et, d'autre part, le lait de vache et celui de chèvre, moins riches en sucre et riches en caséine. Les laits du premier groupe sont plus pauvres en éléments minéraux, le lait de femme étant celui qui en renferme la quantité la plus faible. Quant au beurre, c'est là un élément dont les variations sont trop considérables pour que l'on puisse en tirer un caractère différentiel. Nos tableaux nous font voir, en effet, que le beurre présente des écarts individuels énormes, tandis que les autres éléments s'éloignent beaucoup moins de la moyenne.

Quelques mots sur les différences qui existent entre ces divers laits, non seulement dans le chiffre de leurs éléments, mais encore dans l'aspect et la constitution de ces éléments.

Densité. — Sous le rapport de la densité, ils viennent dans l'ordre suivant : 1° lait de chèvre; 2° lait de femme; 3° lait de vache; 4° lait d'ânesse.

Beurre. — Le lait le plus riche en beurre serait le lait de chèvre. Viennent après : le lait de femme, le lait de vache hollandaise et le lait d'ânesse.

Ces beurres isolés se présentent sous l'aspect d'une masse homogène, d'un blanc légèrement jaunâtre; celui de chèvre, notamment, est très blanc. Nous avons vu un échantillon de beurre de vache d'une extrême blancheur. Le plus coloré est celui d'ânesse. Il présente une particularité assez curieuse : avant de se prendre en une masse homogène, il reste pendant très longtemps, des mois entiers, dans un état semi-liquide. Il a alors tout à fait l'aspect de l'huile d'olive à moitié figée, c'est-à-dire qu'au fond d'un liquide d'un beau jaune clair, on voit apparaître une quantité de grumeaux de matière grasse d'une couleur un peu plus pâle que le liquide dans lequel ils se trouvent.

Sucre. — Le lait de femme tient le premier rang par sa richesse en lactose; après lui, vient celui d'ânesse; les laits de vache et de chèvre suivent d'un peu plus loin, la quantité de sucre étant plus faible chez la chèvre.

Caséine. — L'ordre de la richesse en caséine est le suivant : 1° lait de chèvre; 2° lait de vache; 3° lait d'ânesse; 4° lait de femme. La caséine peut être représentée dans ces divers laits par les chiffres ronds suivants :

	gr.	
Chèvre......	45,00	par litre.
Vache......	30,00	—
Anesse.....	12,00	—
Femme.....	10,00	—

Ce n'est pas seulement par la quantité de caséine qui diffère dans ces laits; l'état dans lequel elle s'y trouve n'est pas le même.

Voici une expérience que nous avons répétée plusieurs fois, et toujours avec le même résultat :

Dans une série de quatre tubes à expérience, nous versons 10 cc. de lait de chèvre, de vache, d'ânesse et de femme. Nous y ajoutons une goutte d'acide acétique, et nous les portons dans une étuve chauffée à 38°.

Nous mettons la même quantité des mêmes laits dans une autre série de quatre tubes, nous y versons une goutte de présure liquide, et nous les portons ainsi dans l'étuve à 38°.

Au bout d'une heure et demie, nous constatons les résultats

suivants : le lait de chèvre et celui de vache forment une masse compacte dans les tubes où il y a eu de la présure; on peut renverser le tube sans qu'il s'écoule une goutte de liquide; dans celui où on a mis de l'acide acétique, la masse, au lieu d'avoir envahi tout le liquide, surnage une couche de sérum.

Le lait d'ânesse présente de légers flocons de caséine dans le tube à acide acétique; la coagulation est un peu plus prononcée dans le tube à présure, le beurre surnage le liquide. La coagulation du reste est bien manifeste.

Le lait de femme présente l'aspect suivant : une couche graisseuse mêlée d'une quantité excessivement petite de flocons de caséine surnage le liquide dans le tube à acide acétique; dans le tube à présure, l'aspect est identique, sauf que les flocons de caséine y sont légèrement plus abondants.

Nous n'insistons pas pour le moment sur ces différences que l'écart entre les quantités de caséine contenue dans le lait ne suffit pas à expliquer ; en effet, quand on étend le lait de vache de une ou deux fois son volume d'eau, on obtient des coagulations très manifestes, et en masse compacte.

L'existence de l'albumine dans le lait nous paraît très problématique. A ce propos, nous croyons devoir reproduire une note qui nous a été communiquée par M. Magnier de la Source. Les expériences dont il s'agit ont été faites en 1877; nous les avons répétées, et nous sommes arrivé aux mêmes résultats.

« Si on étend le lait d'un volume d'eau au moins égal au sien, et qu'on ajoute goutte à goutte à ce mélange de l'acide acétique très étendu, il arrive un moment où l'on aperçoit au milieu du liquide un précipité floconneux de caséine coagulée.

« L'opération peut se faire à une température aussi basse que l'on veut. La caséine coagulée à + 10°, par exemple, et séparée après vingt-quatre heures, abandonne un sérum très légèrement trouble; le sérum, porté à + 20°, laisse coaguler une nouvelle portion de matière albuminoïde, et ainsi de suite jusqu'à la température de l'ébullition.

« Tout ce qui coagule à 100° étant séparé après refroidissement, le nouveau sérum jouit des propriétés suivantes :

« 1° La chaleur y fait naître un trouble qui disparaît par le refroidissement;

« 2° L'acide azotique y précipite à froid une matière gélatineuse qui se redissout par l'ébullition en présence du même acide et se précipite par refroidissement. Un excès d'acide redissout cette matière;

« 3° Le bichlorure de mercure ne produit à froid aucun trouble; à chaud, il fait naître un précipité qui persiste après refroidissement;

« 4° Le réactif de Millon donne, par l'ébullition avec le sérum, un liquide coloré en rouge et un précipité de même couleur. A froid, le précipité est blanc et formé en grande partie d'abord de chlorure mercureux soluble dans un excès de réactif;

« 5° Le ferrocyanure de potassium et l'acide acétique donnent à froid un précipité lent à apparaître et généralement peu sensible.

« Quand ces réactions ne sont pas manifestes dans le sérum, il suffit de réduire celui-ci au quart de son volume et de filtrer, pour les observer avec une grande netteté :

« Il résulte de ces faits :

« Que la matière azotée du lait ou caséine ne semble pas être mélangée avec de l'albumine proprement dite;

« Que le sérum du lait renferme une matière abuminoïde qui paraît jouir de certaines propriétés spéciales, et qui semble être identique avec la lactoprotéine. »

M. Duclaux a fait de cette question une étude spéciale. Nous ne pouvons reproduire ici toute cette partie de son Mémoire sur le lait (1); nous y renvoyons le lecteur. M. Duclaux conclut, avec raison, à l'absence d'albumine proprement dite dans le lait. Une note qu'il vient de faire présenter à l'Académie des sciences maintient cette manière de voir (2). Suivant cet auteur, il n'existe dans le lait qu'une seule matière albuminoïde : la caséine, mais se présentant à des états différents.

De notre côté, ayant fait évaporer dans le vide des sérums préparés par la méthode Adam, c'est-à-dire limpides, acidifiés par l'acide acétique et contenant une certaine quantité d'alcool et d'éther, nous avons observé les faits suivants, qui nous paraissent venir à l'appui de notre opinion :

1° Au bout d'un temps plus ou moins long, le sérum se trouble. Retiré de la cloche à vide, filtré, et soumis de nouveau au vide

(1) Duclaux. Mémoire sur le lait extrait des Annales de l'Institut national agronomique. N° 5, 4e année, 1879-80, 1 vol., Paris, 1882.

(2) Comptes rendus de l'Acad. des Sc. T. XCVIII, p. 373. 1884.

lorsqu'il est redevenu limpide, il se trouble une seconde fois. Quelquefois une troisième filtration est nécessaire pour avoir un sérum définitivement limpide. Ces troubles successifs sont produits par la précipitation de la matière albuminoïde.

Ce trouble se produit rapidement la première fois que l'on soumet le sérum au vide. Avec le lait de vache et de chèvre, nous l'avons vu se montrer dès que la colonne barométrique était descendue à 550 millimètres. Avec le lait d'ânesse, il se manifeste lorsque le vide est à peu près fait dans la cloche. Avec le lait de femme, le trouble n'apparaît qu'au bout de quelques heures.

Lorsque le sérum a été soumis au vide et filtré, le trouble se produit un peu plus lentement, mais toujours dans le même ordre.

2° Ayant mélangé un sérum limpide de lait d'ânesse ayant déjà subi une filtration après une précipitation dans le vide à un autre sérum également limpide et qui n'avait pas été soumis au vide, nous avons vu se former immédiatement un précipité abondant de matière albuminoïde.

Sels. — Nous voyons que le poids des sels contenus dans un litre s'élève dans de fortes proportions quand on passe du lait de la femme à celui de l'ânesse, et de celui-ci au lait de la vache et de la chèvre. Ces différences sont encore plus marquées si l'on tient compte des quantités de lait émises en vingt-quatre heures. En prenant des chiffres ronds, on obtiendrait les résultats suivants :

		QUANTITÉ DE LAIT.	SELS.
		lit. cc.	gr.
Femme...........	environ	0,850	1,80
Anesse...........	—	1,500	7,20
Chèvre...........	—	1,000	9,10
Vache hollandaise.	—	18,500	111,00

On voit qu'alors le lait de chèvre, tout en contenant plus de sels que ceux de la femme et de l'ânesse, en contient environ 12 fois moins que celui de la vache.

La rapidité de l'accroissement du nourrisson, la masse du squelette qu'il a à développer, doivent être les principales causes qui influent sur la production des éléments minéraux.

Le beurre, le sucre et les sels feront l'objet d'un prochain mémoire.

On comprend, d'après les chiffres que nous avons donnés au commencement de ce chapitre, combien il est difficile de remplacer le lait de femme dans l'alimentation du nouveau-né. Le lait d'ânesse, qui en est le plus voisin, est déjà moins riche en sucre et plus chargé de caséine, et nous avons vu tout à l'heure que ce dernier élément existe dans le lait de la femme à un état particulier qui doit faciliter sa digestion par l'estomac de l'enfant.

Il est évident que, lorsqu'on ne pourra se procurer du lait d'ânesse, il faudra donner la préférence au lait de vache largement coupé d'eau et sucré, autant que possible, avec du sucre de lait, dont la saveur est beaucoup moins sensible que celle du sucre ordinaire. D'après les données de notre tableau, il sera facile d'amener la quantité de sucre à être égale dans ce lait coupé à celle contenue dans le lait de femme

Cependant, un pareil lait présentera toujours de grandes différences avec le lait de femme. D'abord, l'étendît-on de la moitié de son volume d'eau, on aura toujours une quantité de caséine plus considérable que dans ce dernier, et de caséine plus difficilement digestible. En outre, la proportion de beurre sera beaucoup trop réduite si on a affaire, comme c'est souvent le cas, à du lait de vaches hollandaises; ce lait, même vendu pur, pouvant, comme nous l'avons vu, ne contenir que de très petites quantités de beurre. On devra donc, avant de procéder au coupage, s'assurer de la composition du lait qu'on emploie.

Quant au lait de chèvre, il se peut qu'il soit supporté par des enfants robustes, il se peut aussi que sa composition ne soit pas toujours celle que nous avons donnée; cependant, comme ce lait est toujours riche en caséine, nous croyons que l'on fera sagement de s'abstenir de l'utiliser pour la nourriture des nouveau-nés, et de ne le donner, ainsi que le lait de vache, à l'état de pureté, que lorsque l'estomac de l'enfant sera devenu capable de supporter une nourriture assez forte.

ERRATA.

Page 12. *Rétablir ainsi la secon phrase du quatrième alinéa* : Nous avons trouvé une moyenne de 10 gr. 52 par litre pouvant varier entre 17 gr. 60, etc.

Page 13. *Composition du lait de 24 heures. Le poids du beurre est de* 35 *gr*. 53, *celui de l'eau de* 733 *gr*. 32.

Page 16. *Premier alinéa, septième ligne, lire* 2 novembre au lieu de 29.

Même page. *Le poids de la caséine dans l'analyse de Filhol et Joly est de* 16 *gr*. 50, *au lieu de* 9 *gr*. 53.

Page 18. *Sixième alinéa, deuxième ligne :* lire pouvant tomber à 1026.50.

TABLE.

Paris. — A. PARENT, imp. de la Fac. de médec., A. DAVY, successeur, 52, rue Madame et rue M.-le-Prince, 14.

,EAU I. LAIT DE FEMME.

Age de la femme.	Age du lait.	Beurre.	Sucre.	Caséine.	Sels.	Total des éléments dosés.	Extrait sec.	Eau.	Densité.
		gr.	gr.	gr.	gr.	gr.	gr.	gr.	gr.
21 ans, primipare......	1 mois.	23.30	86.40(1)	10.50	1.90	122.10	122.10	914.40	1036.50
	1 1/2	18.90	83.56	8.90	2.10	113 40	114 »	923 »	1037 »
28 ans, deuxième enfant.	2	43.80	76.90	10.60	2.80	134.10	136.40	898.40	1034.80
20 ans, primipare.......	2 1/2	25.60	79.72	17.45	2.65	125.42	126.65	908.45	1035 »
19 ans, primipare......	3	28.80	77.93	10.85	2.10	119.68	121.20	912.80	1034 »
21 ans, primipare.......	3	42.40	74.50	7.60	1.60	126.10	128.40	906.10	1034.50
23 ans, deuxième enfant.	3 1/2	36.20	72.70	11.80	2.60	123.30	126.20	905.40	1031.60
20 ans, primipare.......	4	51 45	77.60	8.50	2 »	139.55	140 »	892.50	1032.50
22 ans, primipare.......	4	39.75	78.82	8.10	3.10	129.77	132.50	901 »	1033.50
20 ans, primipare.......	4	44.20	74.50	10.40	1.80	130.90	131 »	903 »	1034 »
22 ans, primipare.......	5	35 70	76.22	11.20	2.40	125.52	127.10	907.90	1035 »
19 ans, primipare.......	5	28.20	73.68	10.20	2.10	114.18	114.80	919.70	1034.50
23 ans, primipare.......	5	39.40	72.20	12 »	2.20	125.80	125.80	906.70	1032.50
20 ans, primipare.......	6	54.80	77.09	7.70	2.05	141.64	141.75	890.25	1032 »
		58.30	75.38	8.40	2 »	144.08	144.90	885.10	1030 »
28 ans, primipare.......	6	77.45	68.66	11.70	2.95	160.76	162.05	864.95	1027 »
19 ans, primipare.......	6	55 »	74.18	11.20	1.70	142.08	143.60	890.40	1034 »
22 ans, primipare.......	8	78.50	71.50	17.60(2)	2.30	169.90	171 »	860.50	1031.50
24 ans, deuxième enfant.	9	46.20	69 36	11.20	2.20	128.96	134.60	900.40	1035 »
22 ans, primipare.......	9	15.60	81.60	7.40	1.70	106.30	107.30	929.20	1036.50
17 ans, primipare.......	10	63.20	69.36	15.04	2.20	149.80	149.80	833.70	1033.50
21 ans, primipare.......	12	43.30	77.94	8.80	2 »	132.04	132 10	902.40	1034.50
		52.80	74.58	10 »	1.90	139.28	139.90	891.10	1031 »
20 ans, primipare.......	15	45.80	79.90	9.20	1.60	136.50	136.50	898.70	1035.20
		37 »	79.28	7.70	1.60	125.58	125.70	907.30	1033 »
oyenne par litre...		43.43	76.14	10.52	2.14	132.23	133.40	900.10	1033.50
oyenne par 1000 grammes.....		42.02	73.67	10.20	2.07	127.96	129.07	870.93	

(1) Ce chiffre, 86 gr. 40, a été obtenu par différence. — (2) Ce chiffre, 15 gr. 04, a été obtenu par différence.

EAU II.

LAIT D'ANESSE.

Age du lait.	Beurre.	Sucre.	Caséine.	Sels.	Total des éléments dosés.	Extrait sec.	Eau.	Densité.	Date de l'analyse.	Nourriture. (Son, luzerne sèche.)
	gr.	gr.	gr.	gr.	gr.	gr.	gr.	gr.		
»	5.50	71.50	15.20	5 »	97.30	100.90	934.10	1035 »	28 juillet.	
»	6.40	75.73	15 »	4.50	101.63	102.20	933.80	1036 »	31 »	
»	64.25	67.02	12.20	4.20	147.67	150.50	877 »	1027.50	24 octobre.	
»	34.60	61.92	15.90	3.95	116.27	119.65	906.35	1026 »	2 nov.	
»	15.50	75.39	4.10	4.40	99.39	100.60	930.40	1031 »	»	
»	20.40	69.36	15.50	4.45	109.71	112.15	921.35	1033.50	»	Farine d'orge, carottes, 30 gr. sel marin.
»	15.80	66.06	12.10	4 »	97.96	101.40	930.60	1032 »	29 novembre.	
»	60.80	73.05	12.20	4.50	150.55	150.95	881.15	1032.10	8 »	Farine d'orge, carottes 30 gr. sel marin.
»	10.65	69.36	15 »	4.25	99.26	103.35	931.65	1035 »	29 »	
»	72.80	66.05	11.40	4.50	154.75	157.50	868.70	1026.20	24 octobre.	
»	86.95	66.70	4.80	4.25	162.70	164 »	862 »	1026 »	2 novembre.	
»	77 »	69.36	11.80	4.30	162.46	162.90	863.60	1026.50	15 »	Farine d'orge, carottes, 60 gr. sel marin.
»	16.80	69.36	11.10	4.30	101.56	104 »	930 »	1034 »	29 »	Id. 30 gr. sel marin.
»	40.90	64.22	12.20	4.25	121.57	123.10	906.90	1030 »	8 »	
»	18.25	47.11	13.70	5.85	84.91	85.75	939.25	1025 »	29 »	Farine d'orge, 30 gr. sel marin.
3 mois.	9.20	78.82	8.30	3.75	100.07	100.55	935.45	1036 »	8 »	Farine d'orge.
	29.60	72.65	12.80	4.85	119.90	120.95	912.55	1033.50	15 »	Farine d'orge, carottes, 60 gr. sel marin.
	3.10	78.35(1)	11.85	3.85	97.15	97.15	939.55	1036.70	6 décembre.	Id.
4 mois.	50.60	68 »	12.90	4.45	135.95	137.05	894.95	1032 »	11 »	Id.
2 mois.	6.15	75.38	12.60	4.45	98.58	101.65	933.35	1035 »	8 novembre.	Farine d'orge.
	8.40	72.53	13.25	4.40	98.58	101.95	933.25	1035.20	15 »	Farine d'orge, carottes, 60 gr. sel marin.
	3 »	75.70(2)	11.40	4.60	94.70	94.70	942 »	1036.70	6 décembre.	Id
3 mois.	24.25	67.65	13 »	4.60	109.50	109.50	923.50	1033 »	11 »	Id.
25 jours	16.10	70 »	14.10	5 »	105.20	105.20	932.30	1037.50	6 »	Farine d'orge, carottes, 60 gr. sel marin.
1 mois.	56.70	68 »	14.50	4.80	144 »	145.60	885.40	1031 »	11 »	Id.
yenne par re.......	30.10	69.30	12.30	4.50	116.20	118.10	914 »	1032.10		
yenne par 00 gr....	29.15	67.15	12.10	4.36	112.76	114.50	885.50	1032.10		

(1) Ce chiffre, 78 gr. 35, a été obtenu par différence.
(2) Ce chiffre, 75 gr. 70, a été obtenu par différence.

BLEAU III.

LAIT DE VACHE.

d'ordre.	Age du lait.	Heure de la prise.	Beurre.	Sucre.	Caséine.	Sels.	Total des éléments dosés.	Extrait sec.	Eau.	Densité.	Date de l'analyse.
			gr.	gr.	gr.	gr.	gr.	gr.	gr.	gr.	
1	1 mois.	Matin.	19.25	54.20	25.10	5.10	103.65	107.50	927.60	1035.10	18 avril 1882.
	2 mois.	Midi.	63.20	51.50	23.40	4.75	142.85	144.45	885.15	1029.60	24 avril —
	»	Soir.	35.40	52.15	24.70	4.90	117.15	120.70	912.80	1033.50	25 avril —
	»	Matin.	20.60	50.10	26.30	4.85	101.85	106.10	927.90	1034. »	26 avril —
	»	Midi.	38.60	49.20	25.40	5. »	118.20	122.90	909.30	1032.20	26 avril —
	»	Soir.	32. »	51.70	24.20	5.10	113. »	115.30	917.70	1033. »	26 avril —
	2 mois 1/2	Matin.	17.70	53.35	25.40	5.50	101.95	104.30	930.10	1034.40	2 juin —
	»	Midi.	38.85	52.17	24.40	5.60	121.02	123.90	909.90	1033.80	2 juin —
	»	Soir.	39.65	55.44	25.25	5.55	125.89	127.70	904.80	1032.50	2 juin —
	5 mois.	Matin.	13.20	55.10	28.30	6.10	102.70	104.20	927.90	1032.10	15 août —
2	6 mois.	Soir.	33.60	52.15	31.60	7.40	124.75	128.35	904.75	1033 10	5 mai —
		Matin.	28.60	52. »	31.70	7.85	120.15	123.40	910.80	1034.20	6 mai —
3	2 mois.	Matin.	47.70	50.45	30.20	6.95	135.30	139.90	892 50	1032.40	17 mai —
	»	Midi.	48.50	51.90	30.70	7.10	138.20	142.60	889.40	1032. »	17 mai —
	»	Soir.	38.85	52.15	29.70	6.70	127.40	131.80	900.80	1032.60	17 mai —
	2 mois 1/2	Matin.	23.10	55.91	29.80	6.30	115 11	117.30	917.60	1034.90	5 juin —
	»	Midi.	46.70	56.85	32.20	5.90	141.65	142.50	889.70	1032.20	5 juin —
	»	Soir.	38.55	56 39	27.75	6.30	128.99	131.70	901.10	1033. »	5 juin —
	7 mois.	Soir.	35.10	52.18	30.70	5.90	123.88	125. »	907.60	1032.60	24 octobre 1882.
4	24 mois.	Soir.	48. »	48.88	37.20	7.85	141.93	146.85	889.35	1036.20	2 février 1883.
5	6 mois 1/2	Soir.	32.10	50.72	28.10	7.90	118.82	119.60	908.10	1027.70	25 octobre 1883.
		Matin.	25.10	49. »	27.30	7.80	109.20	110.20	917.10	1027.30	26 octobre —
6	7 mois.	Soir.	29.70	49.64	26.80	7.70	113.84	115.50	912.50	1028. »	25 octobre —
		Matin.	29.40	49. »	27. »	7.80	112.20	114. »	912.90	1026.90	26 octobre —
7	1 mois.	Matin.	25.50	51.85	30.80	8 40	116.55	117.30	914.90	1032.20	26 octobre —
Moyenne par litre......			34. »	52.16	28.12	6. »	120.28	123.32	910.08	1033.40	
Moyenne par 1000 gr...			32.92	50.52	27.21	5.86	116.51	119.34	880.66	1033.40	

La nourriture de la fin de Mai au commencement d'Octobre se compose de luzerne, de fourrages frais et de son. — D'Octobre à Mai, de fourrages secs, de son et de betteraves.

Tableau IV. LAIT DE CHÈVRE.

Numéros d'ordre.	Age du lait.	Heure de la prise.	Beurre.	Sucre.	Caséine.	Sels.	Total des éléments dosés.	Extrait sec.	Eau.	Densité.	Date de l'analyse.
			gr.	gr.	gr.	gr.	gr.	gr.	gr.	gr.	
1		matin.	39.20	44.18	30.80	6 »	120.18	125.10	908.90	1034 »	28 juillet 1882.
2		matin.	44 »	47.83	36.60	7.40	135.83	141.80	881.20	1033 »	31 juillet —
3	1 mois.	soir.	68.40	51.05	44.60	9.50	173.55	173.80	862.80	1035.60	11 avril 1883
		matin.	69.80	53.40	40.80	9 »	173 »	172.05	863.35	1035.40	12 avril —
		soir.	59 »	56.90	34 »	7.85	157.75	158.35	876.25	1034.60	19 avril —
		matin.	51.20	50.72	39.90	7.80	149.62	150.90	881.50	1032.40	20 avril —
		matin.	61 »	56 »	34.20	7.50	158.70	162.20	872.90	1035.10	22 avril —
	1 mois 1/2	soir.	50.70	58.03	34.90	9.10	147.73	149.30	885.50	1034.80	23 avril —
4		matin.	48.40	50.40	31.70	6.30	136.80	138.50	891.60	1030.10	29 mai —
5		matin.	30.40	45.15	30.80	7.10	113.45	116	913.40	1029.40	29 mai —
6	9 mois 1/2	soir.	73.40	50.36	51 »	10.70	185.46	188.20	850 »	1038.20	17 décembre 1883.
		soir.	40 »	51.09	50.40	10 »	151.49	151.50	887.10	1038.60	18 décembre —
		matin.	68 »	51.47	53 »	9.90	182.37	183.70	854.80	1038.50	25 décembre —
		soir.	92.80	51.85	52.20	10 »	206.85	207.20	819 »	1026.20	25 décembre —
		soir.	83 »	52.63	47.20	10.70	192.53	192.90	846.10	1039 »	1er janvier 1884.
		matin.	78.60	46.60	45 »	11.90	182.10	182.50	849.50	1032 »	2 janvier —
	10 mois.	soir.	56.40	29.91	43.40	11.10	140.81	141 »	884.30	1025.30	2 janvier —
7	9 mois 1/2	soir.	60.40	49.64	46.40	8.10	164.54	164.80	872.20	1037 »	17 décembre 1883.
		soir.	57.40	49.64	49 »	9.10	165.14	166.50	868 »	1034.50	18 décembre —
		soir.	63 »	45.15	59.40	8.40	175.95	176.20	861.30	1037.50	24 décembre —
		matin.	60.60	47.30	47.60	8.50	164 »	165.50	871.10	1036.60	25 décembre —
		soir.	53.60	45.15	51.60	10.70	161.05	161.30	866.30	1027.60	25 décembre —
		soir.	66.80	44.58	59.60	9.10	180.08	180.10	858.10	1038.20	1er janvier 1884.
		matin.	70.80	45.15	50.60	10.60	177.15	178 »	854.10	1032.10	2 janvier —
	10 mois.	soir.	70.60	44.85	52.20	10.90	178.55	180.70	850.30	1031 »	2 janvier —
Moyenne par litre.....			60.68	48.56	44.27	9.10	162.61	164.34	869.52	1033.86	
Moyenne par 1000 gr...			58.69	46.97	42 82	8.80	157.28	158.95	874.91	1033.86	

La nourriture se compose : pour le n° 3, de son et de fourrage frais; pour les nos 6 et 7, de son, foin sec et carottes.
La chèvre n° 6 est agée de 5 ans; la chèvre n° 7, de 4 ans.

IMPRIMERIE DE LA FACU E DE MEDECINE

www.ingramcontent.com/pod-product-compliance
Ingram Content Group UK Ltd.
Pitfield, Milton Keynes, MK11 3LW, UK
UKHW020343220726
13923UKWH00004B/1543